Die kleine Anna liebt die Natur

Text:
Simeon Marinković

Illustrationen:
Dušan Pavlić

Parragon
Bath • New York • Singapore • Hong Kong • Cologne • Delhi
Melbourne • Amsterdam • Johannesburg • Shenzhen

Anna sieht die
Schnecken auf dem
Weg. Jemand könnte
darauftreten!

Es ist nett von Anna,
den Tieren zu helfen.

Vorsichtig hebt sie die Schnecken auf
und setzt sie sanft im Gras ab.

Im Park trampeln die anderen Kinder auf den Blumen herum und brechen Äste von den Bäumen ab. Anna ruft:

Danke, Anna, dass du dich um uns Pflanzen kümmerst!

„Hört doch bitte damit auf! Die Blumen sind so hübsch, und die Bäume helfen uns beim Atmen.“

Im Haushalt kann man
auf viele Arten Wasser
einsparen.

Wie können wir vermeiden,
dass unsere Gewässer
verschmutzt werden?
Anna überlegt:

Anna duscht meistens, denn so verbraucht man weniger Wasser als beim Baden.

Deshalb sollten wir sparsam damit umgehen. Wasser ist ein sehr wertvolles Gut.

Wie können wir vermeiden,
dass unsere Gewässer
verschmutzt werden?
Anna überlegt:

„Wir sollten weniger und nur schonende Reinigungsmittel verwenden.“

Danke, Anna! Du hilfst den Fischen und den Fröschen.

Annas Papa raucht zu Hause. Anna sagt:

„Liebe Eltern, bitte hört auf zu rauchen!“

Wir sollten so wenig Strom
wie möglich verbrauchen.
Anna findet:

„Weniger Strom bedeutet weniger Kraftwerke und weniger Umweltbelastung.“

„Schaltet das Licht und elektrische Geräte aus, wenn ihr sie nicht mehr benutzt.“

Anna verschenkt Kleider, die ihr nicht mehr passen, weiter. Sie schlägt vor:

„Gebt Sachen, die noch
gut in Schuss sind,
einfach weiter!“

Caro ist von dem Kleid
begeistert, weil Anna es
früher getragen hat.

Die Menschen
produzieren
immer mehr Müll.
Anna meint:

„Achtet darauf, Materialien wie Glas, Kunststoff, Metall und Papier zu recyceln.“

Das macht zwar etwas Arbeit, aber am Ende haben alle etwas davon.

Plastikmüll verschmutzt die
Umwelt besonders stark.
Anna sagt:

„Bitte werft keine Plastiksachen in die Natur!“

Anna packt ihre Einkäufe in eine Stofftasche.

Anna bittet ihre Eltern, das Auto zu Hause zu lassen und stattdessen auch einmal zu Fuß zu gehen.

Autos machen viel Lärm
und verschmutzen die
Luft.

Außerdem ist
Bewegung auch gut
für die Gesundheit.

Wer die Natur liebt,
der sollte sich darüber
informieren, wie man sie
beschützen kann.

Wenn die Natur gesund
ist, geht es auch uns
Menschen gut!

Kleine Tipps für die Erwachsenen

Sprechen Sie mit dem Kind über das Gelesene. Hören Sie geduldig zu, wenn es Fragen stellt, und versuchen Sie, diese so gut wie möglich zu beantworten. Antworten Sie nie mit: „Ich weiß nicht“. Fragen Sie: „Was glaubst du, was das bedeutet?“, um zu hören, was das Kind verstanden hat und was es davon hält. Das gemeinsame Lesen sollte Einsichten vermitteln, aber vor allem auch Spaß machen.

First published 2008

Die deutsche Ausgabe erscheint bei
Parragon Books Ltd
Queen Street House
4 Queen Street
Bath BA1 1HE, UK

Realisation der deutschen Ausgabe:
trans texas publishing, Köln
Übersetzung: Ronit Jariv, Köln
Lektorat: Ulrike Reinen, Köln

ISBN 978-1-4454-8237-8

Printed in China